我的第一本
科学漫画书

儿童 **百问百答** 22

爬行动物
与两栖动物

图书在版编目(CIP)数据

爬行动物与两栖动物 / (韩) 安光玄著；苟振红译
. -- 南昌：二十一世纪出版社，2013.6(2018.8重印)
(我的第一本科学漫画书.儿童百问百答)
ISBN 978-7-5391-8636-8

Ⅰ.①爬… Ⅱ.①安… ②苟… Ⅲ.①爬行纲–儿童
读物②两栖纲–儿童读物 Ⅳ.①Q959.6-49②Q959.5-49

中国版本图书馆CIP数据核字(2013)第087453号

版权合同登记号 14-2011-633

我的第一本科学漫画书
儿童百问百答·爬行动物与两栖动物　　[韩]安光玄 / 文图　　　苟振红 / 译

责任编辑　屈报春
美术编辑　陈思达
出版发行　二十一世纪出版社
　　　　　(江西省南昌市子安路75号　330009)
　　　　　www.21cccc.com　cc21@163.net
出 版 人　张秋林
承　　印　江西宏达彩印有限公司
开　　本　720mm×960mm　1/16
印　　张　12.75
版　　次　2013年3月第1版　2013年6月第2版
印　　次　2018年8月第18次印刷
书　　号　ISBN 978-7-5391-8636-8
定　　价　30.00元

赣版权登字 –04–2013–280
版权所有·侵权必究
(凡购本社图书,如有缺页、倒页、脱页,由发行公司负责退换。服务热线:0791-86512056)

我的第一本科学漫画书

儿童百问百答 22

[韩]安光玄 / 文图　苟振红 / 译

爬行动物与两栖动物

1957 年，韩国战争结束后不久的困难时期，一位生物老师来到我们初中任教。他创立了名为"动物班"的探究活动小组，给我们种下了梦想和希望的种子，还为我们打开了神秘而美丽的动物世界之门。

那个时期几乎没有可供儿童阅读的动物相关书籍，老师就把报纸和杂志上有关动物的报道剪下来发给动物班的同学共同学习探讨。

这位老师像指南针一样指引着我们，由于遇到了这位领先于时代的先觉者，我也开始考虑如何为自己设计一个有价值的人生。

希望通过这本书能让孩子们开始关心动物世界的神秘现象，进一步培养起大家对动物学的爱好。当然最希望的是让更多的孩子明白在这个美丽的地球上，我们必须与无数的动物和谐相处这一事实。

汉阳大学生物系教授 朴殷浩

科学是理解世界的手段。远古时代的人类始终无法理解的许多自然现象，在如今的我们眼中不过是简单的基础知识，这就是科学的力量。假如没有历史上的那些科学家，恐怕现在的我们也会过着与原始人相类似的生活。科学源自人们想知道"为什么"的好奇心，因此，失去了对世界的好奇心，科学也就无法更好地发展。

　　"了解才有感觉，感觉才能看见"，平日无心经过的那些事物，稍加了解我们就会生出新的兴趣。

　　少年儿童比成年人的好奇心重，非常容易全神贯注于一种事物中。但假如他们所关注的对象比想象中的难，又很容易产生厌倦心理。为了使少年儿童培养新的兴趣、持续关注世界万物，我们构思了这套简单易懂、趣味横生的书。希望大家能够在关注两个捣蛋鬼——姜坦坦与喵喵身上发生的各种离奇事件的同时，变成科学常识丰富的少年。少年朋友们也可以以这些常识为跳板，向着更艰深的科学世界迈进。

作者　安广贤

1.了不起的爬行动物

爬行动物与两栖动物有什么不同？•14

蛇与鳄鱼打架谁会赢？•20

蜥蜴的尾巴可以断几次？•24

有没有眼皮的蜥蜴吗？•28

有与恐龙同一时代的蜥蜴吗？•30

壁虎是怎样贴在玻璃窗上的？•34

褶伞蜥是如何求爱的？•38

有在天上飞的蜥蜴吗？•40

世界上最恐怖的蜥蜴是什么？•42

变色龙如何捕食？•46

有在水上行走的蜥蜴吗？•50

蛇为什么吐信？•52

蛇是怎样移动的？•54

蛇为什么要蜕皮？•58

哪种蛇的毒最危险？•60

有偷蛋的蛇吗？•64

响尾蛇如何发出声音？•68

蝮蛇如何在黑暗中寻找食物？•70

有模仿其他蛇的蛇吗？•74

有可以改变身体颜色的蛇吗？•78

古代韩国人喜欢什么蛇？·80

有会装死的蛇吗？·84

有生活在海中的蛇吗？·86

鳄鱼是如何分类的？·90

鳄鱼的祖先真的是恐龙吗？·94

为什么鳄鱼吃食物时会流眼泪？·96

鳄鱼如何带小鳄鱼？·100

长吻鳄如何猎取食物？·102

鳄鱼鸟会清理鳄鱼的牙齿吗？·104

有在海中游泳的鳄鱼吗？·106

海龟与陆龟有什么不同？·110

海龟在海里下蛋吗？·114

甲鱼与乌龟有什么不同？·118

乌龟能活多久？·122

温度能决定小乌龟的雌雄吗？·124

雄豹龟如何求爱？·126

玛塔龟如何在水中生存？·128

有像钓鱼一样捕食的乌龟吗？·132

爬行动物的一生与身体构造·134

爬行动物的攻击与防御·136

2. 好奇妙的两栖动物

什么是两栖动物？•140

蝌蚪如何变成青蛙？•144

青蛙为什么在春季鸣叫？•148

蟾蜍与青蛙有什么不同？•152

火腹蟾蜍遇到威胁时会怎样？•156

树蛙身体的颜色会改变吗？•158

有在肚子里养宝宝的青蛙吗？•162

有不经过蝌蚪时期的青蛙吗？•166

有生活在沙漠中的青蛙吗？•168

什么青蛙以浑身冻僵的状态冬眠？•172

世界上哪种青蛙的毒最危险？•176

有无舌的青蛙吗？•180

有给人类带来危害的青蛙吗？•182

有能发出笑声的青蛙吗？•186

世界上最大的鲵鱼是什么？•188

韩国也有无肺的蝾螈吗？•190

有会笑的蝾螈吗？•194

两栖动物的一生与身体构造•196

两栖动物的攻击与防御•197

爬行动物与两栖动物的特征•198

是相同，还是不同？•199

爬行动物与两栖动物的照片•200

出场人物

姜坦坦

虽然喜欢爬行动物和两栖动物,但几乎没有与其有关基本常识。不害怕蛇或鳄鱼,反而觉得它们很可爱。他的梦想是与爬行动物和两栖动物友好相处。

喵 喵

为了看起来比坦坦聪明,经常装作了不起的样子。读了很多"百问百答"系列书,是位渊博的科学博士。

绿 鳄

起初固执地认为自己是恐龙的后裔,发现真相后受到了极大的冲击。学习了很多爬行动物的知识,其梦想是成为爬行动物之王。

CHI 科学搜查队

所作的搜查一点都不科学的糟糕搜查队。在《百问百答不可思议》中留下了很多未解之谜,扬言这次一定要解开谜题,但并不值得相信。

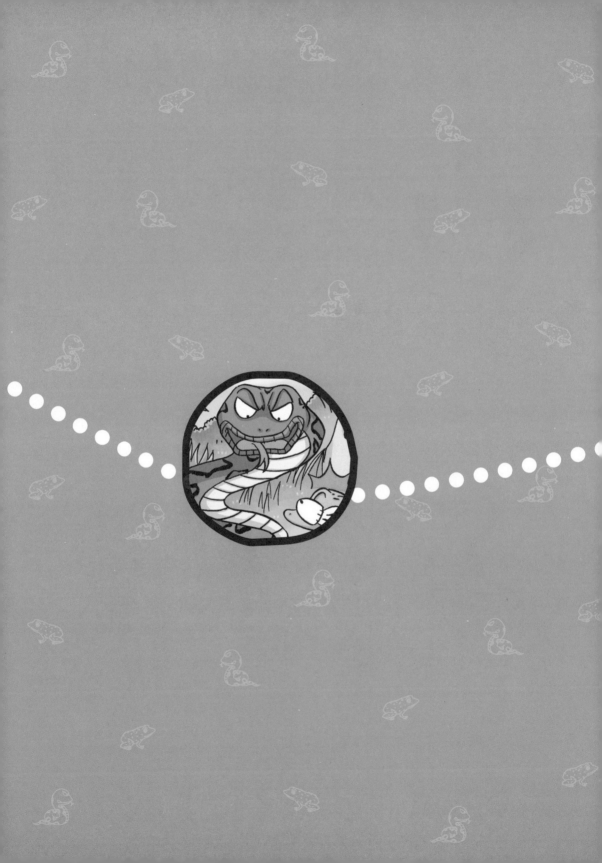

1

了不起的
爬行动物

爬行动物与两栖动物有什么不同？

你去帮我发请帖吧。

知道了！

这种事儿就会吩咐我。

啊，好无聊，难道没什么有趣的事情吗？

青蛙君，我给你送请帖来了。

请帖？

今天晚上有聚会，让我去参加？

你以为我那么空闲吗?我可是很忙的青蛙!

发怒

谁知道呢?也许会来很多漂亮的雌青蛙哟!

倾听

是……是吗?那我就抽出点时间去看看?

刚才还说很忙的……

晚上

带请帖来了吗?

在这里……

您来了?今天好帅哟!快请进。

是……是吗?

我今天是不是太帅了?大家都被我迷住的话怎么办呢?

大家好!

你好啊！

你不是说漂亮的雌青蛙也许会来吗？这里都是爬行动物！

可不是嘛……我也不大清楚……

怎么回事呀！我不是只让你邀请爬行动物吗？

青蛙不是爬行动物吗？

无知之徒！青蛙是两栖动物！

扑味

跳起

两栖动物和爬行动物都长得一样……

我们怎么会长得一样呢?!

发怒

像倒是很像……

我觉着两者差不多,有什么不一样的?

当然两者也有相似的地方。

两者都是产卵的变温动物。

变温动物?那是什么?

指的是随着外部气温的变化,体温也有所变化的动物。

在寒冷的冬季体温下降,夏季体温上升。不过也是有限度的。

啊,所以到了冬天怕冻死才会冬眠吧?

那两者还是相同的嘛。

但不同之处也很多!

了不起的爬行动物

我们两栖动物没有鳞片或脚趾甲,皮肤较光滑。

这样啊!

我们爬行动物覆盖着坚硬的背板或鳞片,除了蛇之外的爬行动物都有脚趾甲。

剪剪脚趾甲吧。

我们两栖动物可以分为无足目(蚓螈)、无尾目(青蛙、蟾蜍)和有尾目(鲵鱼)等几类。

我们出生时生活在水中,后来依靠肺部和皮肤呼吸,生活在水边。

这么听来有很大的不同嘛。

现在知道了?

反正都来了,得看看你们干什么。

要是您不介意……

扑通

好，今天我们来学习一下好吃的青蛙料理法。

刺 刺

什……什么料理法？

快逃跑吧！

怪不得只让我请爬行动物呢……

既然都来了，就作为料理的材料……

我忽然有急事……

●爬行动物的种类●

爬行动物可分为古蜥蜴目、蜥蜴目、鬣蜥目、蛇目、鳄鱼目和龟目等几大类。爬行动物是脊椎动物，为了保存水分，身体覆盖着角质。中生代（约 2 亿 2500 万年前~6500 万年前）是爬行动物的全盛时代，当时生活着恐龙等许多物种，但目前的爬行动物只剩下 8000 多种。

蛇与鳄鱼打架谁会赢？

当然是有毒牙的蛇会赢了！

不对！你不知道鳄鱼下颚的咬力有多强！

喂！大家快来呀，马上开始了。

大场面

鳄鱼&蛇

哇——

当然是我会赢了。

说什么呢！比试比试吧？

青队，长7米！是捕食哺乳动物或鸟类的蛇中之王！

哇！

网纹蟒蛇！

与之抗衡的红队，是能吃下比自己还大的猎物、

接招！

体重为1吨的尼罗鳄！

了不起的爬行动物 21

真想知道到底谁会赢呢。

大概鳄鱼会赢吧?鳄鱼是地球上的动物中咬力最强的!

什么?

而且它背部表皮坚硬,一般的毒蛇牙齿也穿不透。

是吗?

不是的,蛇会赢。据说巨蟒和水蟒都能吞下比自己大5倍的猎物呢!

而且它缠绕能力强,估计骨头都会粉碎的!

骨头会粉碎!

请大家在紧张万分的气氛中密切关注谁会赢!

哇!

开始!

鸣——

·鳄鱼和巨蟒的较量·

2008 年 2 月在美国的大沼泽地国家公园，人们目睹了鳄鱼与巨蟒较量的场面。另外，2005 年在同一公园内还发生过巨蟒将鳄鱼整个吞掉、而鳄鱼在巨蟒的腹内扭动导致两者同归于尽的事件。事实上，蛇与鳄鱼不是捕食者与食物的关系，所以一般不会正面对决。

蜥蜴的尾巴可以断几次?

啊,吃饱了。是不是有点吃多了?

嘶嘶

那正好了。胖乎乎的你应该很好吃吧?

呃啊,是蛇!快点逃跑吧!

想往哪儿逃啊?

原来这边还有一条!

哎呀,得断了尾巴逃跑了。

啪

蠕动 蠕动

咦，这是什么呀？

真神奇呢！

时候到了！走吧！

蠕动 蠕动

啊，你什么时候跑了？

趁着你们觉得我的尾巴神奇的时候，我就逃之夭夭了！

上次也被这小子逃脱了！

什么？上次它也切断尾巴了吗？

狡猾的家伙！尾巴切断了不会死吗？

我们蜥蜴处于危险时就会切断尾巴。

尾巴会重新长出所以没问题。要想捕食猎物就多学习点嘛！

嗖嗖

呃呃！

几个月后

尾巴又长出来了。

嘶嘶

正好遇到你了。

是上次那条蛇!

快逃跑!

咬紧

往哪儿逃!

你咬住我也没用吧?再切断尾巴就可以了!

呼啦啦

是吗?那你就切断试试吧。

啪

你以为我会不敢切断吗?

你怎么知道的?

你会后悔的……我研究了一下,据说你们蜥蜴的尾巴断两次以上就不能再生了。

现在怎么办呢?你的尾巴不会再长出来了。

没有尾巴逃跑起来很难掌握平衡吧?

·蜥蜴的尾巴是万能工具·

蜥蜴可以用尾巴悬挂在树枝上，被敌人抓住尾巴时，它就切断尾巴而逃。切断一次的尾巴会重新长出，但生出的不是尾骨，而是像软骨状的白色肌腱，不如原先的尾巴大。另外，巨蜥和鬣蜥可以用尾巴打击敌人，由于其尾巴色彩明亮，摇动时能混淆敌人的视线。

有没有眼皮的蜥蜴吗?

我不能使眼色!

？

今天的达人是 16 年间从未合过眼的,

一下也不眨先生,您好!

KBC

听说您睡觉时也睁着眼睛,这是真的吗?

对,是这样。

您试过睁着眼睛做梦吗?没试过就没有发言权了。

我壁虎从出生那天就是睁着眼睛长大的。

什么,从出生那天?不可能吧!

一直睁着的话,眼睛得多干涩啊!

是真的呢。

神秘的爬行动物壁虎 ·

壁虎与蜥蜴的外形非常相似，但脚的形状不同。壁虎的脚掌上有吸盘，能附在物体上迅速上下。另外，有些种类的壁虎能发出多种独特而嘈杂的声音。大部分的壁虎像蛇一样没有眼皮，它们的眼睛覆盖着一层透明的膜。

有与恐龙同一时代的蜥蜴吗？

这里是我家啊……

一起过吧。

博士，听说您发明了时间机器？

研究所

是的。

请让我们去时间旅行吧。

这个……机器出故障了。

跟跄

就算是出故障的机器，也让我们参观一下吧。

嗯嗯！

着火烧光了。

呲

啊,其实你没能发明吧?

什么,你是说我说谎吗?

那你有证据吗?

当然有了。我去了过去旅行,还拍了照片。

真的吗?

刷刷

这照片是去2亿年前拍回来的。

这张是1亿年前。

这是去1千年前拍的照片。

这肯定是假的嘛！那么久以前怎么会有蜥蜴呢？

怎么没有！

被称为恐龙后裔的大蜥蜴（古蜥蜴）在约2亿年前就存在了。

就算是那样，这么长的时间内都没变样子吗？

大蜥蜴的长相和那时几乎一样，所以又被叫作"活化石"。

现在该相信我发明了时间机器吧？

那也很奇怪。

大蜥蜴不是只生活在新西兰岛上吗？

所以呢……

怎么可能会在韩国茅草屋顶上呢？

"活着的恐龙"——大蜥蜴

大蜥蜴是从中生代的恐龙时代就有的爬行动物。颈部和脊梁上有突起,除了脸部的两只眼睛,头上还有第三只眼睛"头顶眼"。头顶眼的作用是什么目前还是个谜。大蜥蜴曾是新西兰的常见动物,但现在只能在极少数岛屿上看到,已经作为珍稀动物被保护起来了。

了不起的爬行动物

壁虎是怎样贴在玻璃窗上的？

我是正义的勇士,蜘蛛侠!

救命啊!

孩子有危险!

这下糟糕了。为了玩大厦攀爬游戏,

把蜘蛛丝都用光了。

看来得乘电梯上去了。

故障

这个……

台阶怎么会这么多！

啊呀！

没办法了。得爬上去了。

刺溜

刺溜

玻璃太滑了。

咣

你是怎么贴在这么滑的玻璃窗上的？

为什么呢，你猜。

啊，脚上贴胶布了吧？

不是的。

那你脚上能分泌黏黏的糨糊?

青蛙才那样呢。

看我的脚掌底。能看到并排的吸盘吧? 这里有很多细微的突起,突起末端是分开的,可以贴在墙上并上下移动。

爬玻璃窗时,尾巴也会起作用。脚掌变滑时,通过尾巴敲击墙壁来取得平衡。

啊,所以才不会觉得滑溜啊。真了不起!

真羡慕!

那,看看,这样用一只脚也可以悬挂住。羡慕吧?

哇!

晃悠

晃悠

我们顺着墙壁而上,靠捕食聚集在灯光附近的蚊子或飞蛾为生。

嘶嘶

突起和尾巴的力量真了不起啊!

其实我也有那样的毛,请看!

啊!那不是胸毛吗?

噌

噌

噗啊

啊呀!

我正在烤地瓜,可火灭了。救救火吧。

什……什么?

壁虎 VS 青蛙

壁虎和青蛙都可以倒挂在天花板上。但两种动物倒挂的方法略有不同。壁虎是依靠脚掌吸盘上的微细绒毛吸住物体的力量悬挂的。而青蛙则是靠脚掌上分泌的黏液和摩擦力悬挂的。

了不起的爬行动物

褶伞蜥是如何求爱的?

我帅气吧?

褶伞蜥啊,天又不冷,干吗围着围巾啊?

这不是为了冷而围的围巾。

我们处于危险时会展开脖子上的鳞状膜威胁敌人。

哗啦

另外,想得到漂亮雌性的爱时也会展开。

哎呀,好帅!

刷

那你和坦坦一样。

有在天上飞的
蜥蜴吗？

做好跳下去的
准备了吗？

是！

下一位……
哎，你怎么没
有降落伞？

我不需要
降落伞。

呃啊！以为
是降落伞的
绳子，原来
是书包啊！

打不开了。

打开降
落伞！

我们飞蜥的身体上长
有翅膀状的膜，可以
在树和树之间飞跃。

跳下去后只要
落在树上就没
问题了。

•长着帅气翅膀的飞蜥•

飞蜥身上翅膀状的东西是附着在肋骨上的松弛皮肤膜,这种皮肤膜能像扇骨一样展开并滑翔。而飞蜥的尾巴、腿部和肋下有扁平的皮肤和蹼,这些全部展开时就像滑翔机一样。在捕猎树上的昆虫或威胁敌人时,飞蜥会展开皮肤膜并滑翔。

了不起的爬行动物

世界上最恐怖的蜥蜴是什么？

看什么看？

爬行动物村

绿鳄！今天我们在这个村里玩吧？

好的！

孩子们，这是我们的地盘。去别的地方玩儿吧。

是。

那……那么，我们在安静的树上玩吧？

走开！

是……是蛇！

这个村子怎么这么可怕!

难道就没有能玩的地方吗?

啊,我们去那里玩吧!

蜥蜴村

是啊,蜥蜴很小而且力气也不大。

没错,没什么了不起的。

现在这里属于我们了!

你们这些小不点去别处玩吧。

快逃跑吧!

呜呜——

这里真是我们的世界!

当然!没有可怕的东西了。

了不起的爬行动物

欺负我弟弟的是你们吗？

慢慢

吞吞

呃啊，是恐龙。

哥，就是他们俩。

我不是恐龙，是科莫多巨蜥。

什么蜥蜴这么大呀？

因为体形大，所以应该又慢又温顺吧？

真的那样吗？

科莫多巨蜥能捕食比自己还大的哺乳动物。而且它的唾液中有可怕的细菌，被咬中就会因病而亡。

唾液有那么恐怖？

怎……怎么办呢？

•蜥蜴之王——科莫多巨蜥•

科莫多巨蜥是在印度尼西亚东南部的科莫多岛上被首次发现的，故得此名。最大体长约 3 米，最大体重约 135 千克，寿命达 60 到 100 年左右。口腔内有致命的细菌，被它咬中很有可能死亡。为了得到它的皮，猎人们过度捕杀，导致科莫多巨蜥目前面临着灭种危机，仅剩不到 5000 只。

了不起的爬行动物

变色龙如何捕食？

1 小时后

找不到你了，我认输！

实在是找不到了。

我在这里哟！

吓死我了！我还以为是一片树叶呢。

变色龙可是变换颜色的高手哟。上次我花了一个月找它。

是的。变色龙体内有色素细胞，会随着光线和环境的不同而改变身体的颜色。

我再去藏吧。

因为它会变色，玩捉迷藏是不行了。

有没有别的玩呢？

那我们来玩"我们都是木头人"吧。

了不起的爬行动物

那个也不行。

为什么?

变色龙的两只眼睛可以分别移动,所以能看到彼此不同的方向。

转动

转动

那在旁边的动作它都能看见?

那就玩看谁在树上挂得久。

那也不行吧?

变色龙的脚长得和手相似,正好适合攥住树枝。在任何情况下都会稳稳当当。

它什么都擅长,我们做什么都吃亏。

那我们玩什么呢?变色龙不会什么呀?

是啊,变色龙个头小,应该不擅长跳跃……

变色龙可以用比自己身体还长的舌头迅速地勾住食物。

够饼干吃?我最喜欢了。

怎么够不着?

不和你玩了。

和我玩吧!

·变身的鬼才——变色龙·

变色龙的身体颜色可以改变,但变色龙并不是任何时候都可以改变颜色的。变色龙皮肤的细胞色素在阴天时呈现灰色或草绿色,在阳光照射时就会呈更深的颜色。在寒冷的夜晚颜色会变浅,呈奶油色,但生气或感到恐惧时则会变成其他颜色。

有在水上行走的蜥蜴吗？

我是一枝梅！我要向最厉害的道士学习武术。

最厉害的道士就是我！我没有不会的武术。

哦！

说什么呢！我才是最厉害的道士！我会用道术。

哇！

两位都武功高强啊。

那你想拜谁为师呢？

嗯……我……

想拜它为师！

啊！居然在水上行走！

他们在吃惊什么？

哗啦 哗啦

师父！请教给我们在水上行走的办法吧！

我们双冠蜥可以在1秒钟内移动腿20次以上……你们可以吗？

扑通

•在水上奔跑的双冠蜥•

成年的鬣蜥类动物，体长能超过1米。其特征是从头到尾都生有刀刃形状的突起。尤其是双冠蜥面临危险时，可以身体站立着在地上和水上奔跑。它能在水上奔跑的秘密是：体重轻、移动速度快，而且脚趾和尾巴又长。

蛇为什么吐信？

嘶嘶　　嘶嘶

晒——

晒——

呼味

哟，好热！

你也热吗?你得多用力吐信啊,吐得舌头都分叉了?

嘶嘶　　嘶嘶

哎哟哟！我不是因为热才这样，是为了闻气味。

切,你舌头上有鼻子吗?怎么能用舌头闻气味呢?

猜对了！我们蛇或蜥蜴用舌头闻气味。

通过吐信将空气中气味粒子的信息传送给锄鼻器,从而把握周围的环境。

那你现在闻什么气味呢？

这个……

•蛇分成两叉的舌头•

蛇的舌头分为两叉，这是由于锄鼻器由一对小孔构成的缘故。分开的舌尖不停地吸入空气中的气味粒子并将其推入锄鼻器的两个孔内。锄鼻器存在于爬行动物、两栖动物和野猫等一部分脊椎动物身上，可用于了解配偶、猎物或敌人的信息。

蛇是怎样移动的？

我们是 CHI 科学搜查队！

哪里有事情发生，我们就奔向哪里！

抓小偷啊！

出动！

小偷偷走了什么？

嗯……吃过的炒米糕。

好可惜。早知道我吃了！

刷

……

你说这是小偷留下的痕迹吗？

是。

这好像是蛇经过的痕迹啊！

蛇怎么会走"一"字呢？

虽然很多蛇在地面上水平波状蜿蜒移动，但也有通过肌肉的伸缩向前直线移动的蛇。

那是说直线移动的蛇是小偷了？

是这样。

通过那扇窗飞进来的。

飞进来？那就不是蛇了嘛！

不过为什么没有进入的痕迹呢？

啊，我好像看见了。

并非如此。有的蛇会从高高的树枝上像会飞一样跳下来。

呼

这么说那种蛇就是小偷！

据说东非绿曼巴等蛇会折叠式飞行，是通过最大限度地弯曲身体和伸展来实现的。

我们去抓那种蛇吧，跟着出去的脚印走。

这不是生活在沙漠的蛇经过的痕迹吗？

好像从沙子上逃跑了，这是什么痕迹？

像响尾蛇等生活在沙漠里的蛇大部分都是这样移动的。

通过把身体弯曲成 S 形的伸缩向旁边滑行。

那生活在沙漠里的蛇才是小偷！

不过生活在沙漠里的蛇怎么会到这儿来呢？

那这些痕迹都是什么呀？

是啊……
是什么呢?

这不都是你的尾巴留下的痕迹吗?你吃光了炒米糕但忘了吧?

摇摆

摇摆

发怒

不是啊……明明有谁从窗户进来过。

嘶嘶!

谢谢你的炒米糕啦。

·无腿但行走畅通的蛇·

蛇没有腿也可以很快地移动。大部分蛇都是身体推动地面、靠坚硬的鳞片扒着地面前行,但也有为了适应环境而采取不同移动方式的蛇。东非绿曼巴向别的树上移动时,通过身体的弯曲和伸展可飞行 100 米左右。另外,生活在沙漠中的角蝰蛇和响尾蛇则横穿松散的沙子进行侧爬行。

蛇为什么要蜕皮？

脱掉吧！

山上神奇的东西真多呢。

哦，这是什么？

这好像是蛇蜕掉的皮吧？

蜕皮？蛇为什么蜕皮？

蛇在生长过程中，包裹在体外的鳞片并不会长大，所以需要蜕皮。

原来如此。那么蜕的皮就是蛇生长的证据了？

其实我也脱了很多外皮。

那是我五岁时脱掉的，这是七岁时，那个是昨天……

这很光荣吗？还不快收拾收拾！

那是我四岁时睡过的被子……

你还要唠叨到什么时候啊？

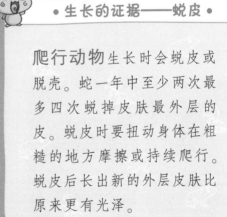

· 生长的证据——蜕皮 ·

爬行动物生长时会蜕皮或脱壳。蛇一年中至少两次最多四次蜕掉皮肤最外层的皮。蜕皮时要扭动身体在粗糙的地方摩擦或持续爬行。蜕皮后长出新的外层皮肤比原来更有光泽。

哪种蛇的毒最危险?

你好!

你刷刷牙吧。

今天也得问问魔镜,谁最漂亮。

魔镜啊,这个世界上最漂亮的人是谁?

是我。

咣

什么?谁?

砸碎了!

是……是女王阁下。

果然这世上没有比我更漂亮的女人了。

那个……到昨天为止还是这样子……

但白雪公主昨天做了整容手术,她的美貌已经天下无敌了。

哎!居然背着我偷偷做整容手术!

我不能忍受别人比我漂亮。

好吧!在苹果里放上毒给她吃。

咚

咚

不过从哪儿弄点毒呢?

人家很怕摸到毒的。

让毒蛇咬一口苹果,苹果上不就布满毒了吗?

蛇的牙齿上沾满了毒吗?

其中黑曼巴不仅带有致命的毒,而且行动也非常迅速。

不过世界上带有最致命蛇毒的是生活在澳大利亚的太攀蛇。

毒蛇长有毒腺,它和上颚的毒牙是连在一起的。

毒腺

哦,是吗?

什么，你居然让我走近那么恐怖的蛇?

女王陛下更恐怖。

好吧!为了成为世上最漂亮的人，只好如此了。

悉听尊便

安老师是最好的漫画家!

乔装后应该认不出来了吧?

只要让她吃了沾上蛇毒的苹果……咔咔。

叮咚

叮咚

是谁呀?

小姐，买点苹果吧。

哗啦

……

我不买。

哎，为什么呀!

呼

难道看出来了?

既然是大婶
啃过的，那大
婶吃了吧。

别……别
这样子。

• 无比恐怖的蛇毒 •

世界上拥有最强蛇毒的太攀蛇一般不主动攻击人类，但一旦被咬就会全身麻痹而亡。生活在非洲的射毒眼镜蛇还能喷射出毒牙内的蛇毒，据说它们在面临威胁时，能在2.6米外准确地将蛇毒射向敌人的眼睛。不过除了这几种蛇外，大部分的蛇都没有毒，或者毒性不强。

有偷蛋的蛇吗？

啊,肚子好饿。有没有好吃的蛋呢?

我答应鸟妈妈要帮忙把鸟蛋搬到新窝里,可是太重了。

得在这儿休息一会儿再走。哎哟!

一会儿

安老师长得太帅了。

休息好了!现在该走了。

怎么这么轻呢?

哎!鸟蛋不够了!

沙

不……我没有。

心虚

那个!你偷了这里的鸟蛋吧!

我都没有手拿鸟蛋。

是吗?

你那突出的肚子里是什么?

啊,这是我的胸部啊。

突出

哪有蛇的胸部这么大的?

我经常运动长了很多肌肉嘛。

了不起的爬行动物

你这个偷蛋贼！快还给我！

我不是小偷，我这么小的嘴怎么能吃掉那么大的鸟蛋呢。

这么看来你的嘴的确比鸟蛋小。

是啊，不是我偷的。

什么?!

谎话精！

蛇一般能将上颚下颚张大到150度左右，所以蛇能吞下比嘴巴大五倍的食物。

食蛋蛇能吞下比自己的嘴巴大三倍的蛋。通过收缩肌肉将蛋推入体内，用头颈骨内侧到食道中间的许多突起将蛋打碎了吃。

然后过一天左右会吐出蛋壳。

我就知道会这样！还我的蛋！

对不起了，不过还没开始消化呢，只是先替你保管。

66　儿童百问百答·爬行动物与两栖动物

是吗?那作为偷蛋的惩罚,你帮我搬运过去吧。

这样下去我的肚子要爆炸了。

好恐怖!

活该如此!

也帮我搬运一下吧?

这么大怎么搬啊!

•只吃蛋为生的食蛋蛇•

食蛋蛇以其他爬行动物或鸟类的蛋为食。食蛋蛇眼睛后面的腺体能发出润滑的液体,这种液体能够使蛋的表面变得滑润,从而使食蛋蛇能把比自己张开的嘴巴大三倍的蛋轻易吞下。食蛋蛇吃下蛋后会将蛋壳吐出来,为储存更多的营养成分提供空间。

了不起的爬行动物

响尾蛇如何发出声音？

这是什么声音？去看看吧？

不行！别过去！

那是响尾蛇发出的声音。

响尾蛇的尾巴末端由中空的许多角质节构成。摇动尾巴时，节与节碰撞就会发出声音。

用那种声音给敌人警告。

那是说声音传来的地方有响尾蛇了？

那就别去那边了。

是的。

以为谁会被铃铛的声音欺骗过去吗？

生意怎么这么差呢？

卖豆腐

叮当

叮当

卖豆腐喽！

响尾蛇，走开！我们不会被骗的！

哦？不是卖豆腐的大叔啊。

叮当
叮当

·警告敌人的响尾蛇·

响尾蛇的尾巴是由蜕皮时原来的角质节加上新长出的角质节共同构成的。平时各节之间相对松弛，但当响尾蛇迅速摇动尾巴时，坚硬的各节彼此碰撞发出声音。响铃声是对捕食者的警告声，在 20 米外就能听到。

蝮蛇如何在黑暗中寻找食物？

想怎么藏就怎么藏吧！

没什么好玩的事儿吗？

哦？是蛇。

沙沙沙

蛇啊，营养又美味的蛇啊……

别唱那样的歌！

嘁

呼

呃，抱歉。很高兴见到你……

那是我最讨厌的歌！

对不起，我不知道。

我会唱的歌只有这一首……

这是什么？

啊！在我们小区要办歌咏比赛？

奖品是全套的《百问百答》书？我好想要呢！

还得多练习一下才行，怎么办呢？

但我会唱的只有刚才那一首歌……

哎呀，藏起来偷偷唱就行了。

在这里唱它就不知道了吧？

蛇啊！营养又……

不是让你别唱这首歌嘛！

它怎么知道的?

去别处唱吧!

蛇啊!蛇啊!

啪 呀 呼

别唱了!

到底让我在哪儿唱嘛。

对了!洞穴里黑乎乎的,藏起来唱就找不到了吧?

好凉快!

等一下!蝮蛇科的蛇在眼睛与鼻子之间有种叫颊窝的温度感知器官。

不管在多黑的地方都能感觉到猎物或敌人的体温。

什么呀?

那条蛇好像就是蝮蛇……怎么办呢?

一会儿后

营养又美味的蛇啊……

这小子,又开始了!

蝮蛇或一部分王蛇拥有热(红外线)感知器官——颊窝。每种蛇颊窝生长的位置和形状都略有不同,蝮蛇的长在眼睛和鼻子之间,蟒蛇的则长在嘴唇正上方。因为有颊窝,所以能感知周围的恒温动物(鸟类、哺乳动物)的体温,由此知道它们的所在位置并进行攻击或捕食。

有模仿其他蛇的蛇吗？

别学我！

谁学你了？

呃啊！珊瑚蛇出现啦！

嘶嘶嘶

快跑啊！

胆小鬼们，看你们吓得！

呆

你们怎么不逃跑啊？

你是谁，我们为什么要逃跑？

你真不知道吗？

不知道！

抠鼻孔

我就是著名的珊瑚蛇大人！

抠鼻孔

抠鼻孔

是吗？

那怎么不早点说！

快跑吧！

咔咔咔！

嗖

珊瑚蛇可是有毒的！

噗

谎话精！

什么？

其实你不是珊瑚蛇，而是伪珊瑚蛇吧？

不……不是。

以为我不知道吗？有些无毒的蛇会像你这样模仿毒蛇。

王蛇为了模仿响尾蛇，会用尾巴拍打树叶来发出声音。

水蛇也会模仿毒蛇的攻击姿势。

啪 啪

我是响尾蛇，恐怖吧？

有些蛇甚至和生活在同一区域的毒蛇进化得相似，这叫作"拟态"。

珊瑚蛇

伪珊瑚蛇

两者乍一看相似，但仔细看就知道尾巴是不同的。

大小和尾巴都不一样。

切，怎么知道的？逃跑吧。

小心真的珊瑚蛇哟！

沙沙

差点就完蛋了！

被发现可不行。

模仿秀比赛

有请主办人。

哈哈

哦，这是什么？

我们会为准确模仿其他动物的动物们颁奖。

哦耶，这个我有信心。

我是伪珊瑚蛇，我可以准确模仿珊瑚蛇。

刷啦啦

哦，真的一样呢。

有些**无毒**的蛇为了像毒蛇那样看起来充满危险，会模仿它们使用警告色。牛奶蛇在受到敌人攻击时会现出珊瑚蛇的色彩。绿树蟒和翡翠树蟒生活在相同的地方，其颜色和外形也进化得非常相似。

有可以改变身体颜色的蛇吗？

为了变年轻染个色吧？

我带了礼物来，给谁呢？

给我！

给我！

都是同种的蛇，你不认识长者吗？

哪有这种事儿啊。

同种？你们长得不一样啊？

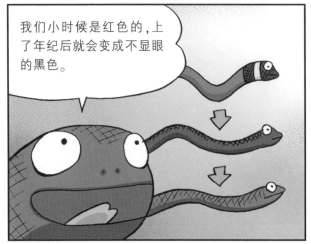

我们小时候是红色的，上了年纪后就会变成不显眼的黑色。

原来如此。那得长者优先了，礼物给你！

是啊，得尊敬老人嘛。

●像变色龙一样能改变身体颜色的蛇●

在印度尼西亚的婆罗洲岛上首次发现了能改变体色的蛇，长约50厘米。在发现时，这种蛇呈现的是卡普阿斯河边泥土的颜色即红棕色，但放入桶内数分钟后变成了白色。所以以发现地区命名，称之为卡普阿斯泥蛇。

古代韩国人喜欢什么蛇？

为您捉老鼠

我呢,是玩夫!

我的爱好是让便便的孩子坐个屁股墩儿。

呀一

扑通通

妈呀!

哎哟哟,真好玩。

嘿嘿嘿!

坏蛋玩夫!

臭气熏天

真无聊,去耍弄一下弟弟兴夫吧。

还和以前一样穷啊。

一段绳子？正好，用绳子吓唬吓唬他。

看到这个会以为是蛇而被吓到吧？

咔咔咔

大哥，您来这里干什么？

沙沙

吓一跳

我的老天爷！是真的蛇！

哎，你家里怎么有蛇呢？快赶出去。

不能赶出去的。

抖抖

就算再穷，你也不能抓蛇吃啊？

大哥，这是赤峰锦蛇。

了不起的爬行动物

韩国从古代开始就认为赤峰锦蛇是会报恩的神奇动物。

真的?

知道了吗?

赤峰锦蛇大部分都无毒,对人类也无害。

而且还能捕食偷吃粮食的麻雀和老鼠。

天气变冷时会在石墙或废弃的房屋里冬眠,是和人类很亲近的动物。

老鼠,很好吃吧?

赤峰锦蛇啊!

不过现在是面临灭种危机的动物,在韩国很难找得到了。

赤峰锦蛇那么珍贵吗?这条赤峰锦蛇我带走了。

也去抓抓我家的老鼠!

不行的!

你养好旁边的燕子吧。

燕子?

一瘸一拐

玩夫之家

这下我们家粮仓里该没老鼠了吧?

这家好吃的东西真多啊！现在不吃老鼠也可以了！

啊呜

啊呜

居然吃光了粮仓里的粮食！停下来吧，赤峰锦蛇！

不该这样的。

我的食物……

被赤峰锦蛇吃光粮食后变成了乞丐？

大叔，还有吃的没有？

•和人类亲近的赤峰锦蛇•

赤峰锦蛇体长约 1.5~1.8 米。背部黄褐色，上有黑色的横纹；腹部黄色，带有暗色的斑点纹。赤峰锦蛇生活在农村房屋的石头墙或田埂的石头缝里，会在堆肥内产卵。主要分布在中国、韩国和西伯利亚等地区，在韩国由于生存地的减少，现已面临着灭种危机。

了不起的爬行动物

有会装死的蛇吗？

嗷

啊，是蛇！很好吃吧。

啊，是秃鹫。

装死吧！

嗷

什么呀，是条死蛇！

扑棱

哎咦，不好吃了。

扑棱

被骗了吧？

我们东部猪鼻蛇面临危险时会装死。

扑哧

东部猪鼻蛇，我正找你呢，你是不是骂了我？

扑通

嗷嗷

又得装死了。

怎么办？好像死了。

东部猪鼻蛇啊，对不起。居然被我吓死了……得好好埋葬起来。

东部猪鼻蛇啊！

我只是装死而已……

东部猪鼻蛇之墓

救命啊！

坟墓居然说话了！

•会演戏的东部猪鼻蛇•

东部猪鼻蛇在敌人出现时会发出声音并进行攻击。但当敌人并不逃跑时，它就会踉踉跄跄、嘴巴大张并分泌出散发着难闻气味的分泌物。然后会摇晃身体不断绕圈并向后倒下装死。这种为了不成为其他动物的食物而装死的行为叫作"伪装"。

有生活在海中的蛇吗？

哇啊！海洋里果然充满了神秘的生物啊。

我感觉你更神秘！

哦，长得像蛇一样啊？

应该是鳗鱼吧？

什么鳗鱼啊，我是海蛇。

蛇可以生活在海里吗？

怎么了？不行吗？

不是,蛇是变温动物,不能在寒冷的地方生活吧。

海里不冷吗？

所以海蛇生活在温暖的太平洋或印度洋等热带海洋中。

啊,那我也不能相信你!

其实你是鳗鱼吧?

我说我是蛇!

你又没有鱼鳃,怎么在水中呼吸呢?

海蛇是通过皮肤吸收氧气的。

海蛇还可以上升到水面上方呼吸。

大部分海蛇生活在海中却在陆地上产卵,但有些海蛇则在海洋中产卵。

回来要带礼物哟!

我上去产卵了。

而且海洋中的食物好多呢!都不用费力去觅食了。

快点来!

哇啊,好像已摆好的食品,张开嘴就可以了嘛!

了不起的爬行动物

原来海中也生活着蛇啊。

对不起，因为你生活在海中我错以为是鳗鱼了。

我来教你区分海蛇的方法吧。

因为海蛇生活在水中，所以皮肤上寄生着很多其他生物。

另外，海蛇比生活在陆地上的蛇更频繁地蜕皮，而且花纹比鳗鱼更华丽。

假如这样还不能认出来呢？

那我告诉你最简单的办法。

海蛇的身体侧面是扁平的，尾巴像圆形的橹。所以非常擅长游泳。

嗖嗖嗖

啊，原来如此！

太好了!正好船出了问题需要一支橹呢!

那也不能拿我当橹啊!

嗖

小心点。海蛇都是有毒的。

那你怎么不早说?!

•海洋中也生活着蛇•

海蛇全部有毒,而且毒性很强可使猎物马上晕厥。所以可以在猎物沉下去之前迅速吃掉。乘船入海时可以看到庞大的海蛇群,海蛇可以从近陆游到数千米之外的远海中。

鳄鱼是如何分类的?

我是什么种类的呢?

看看百问百答吧。

呜呜~

你为什么哭呀?

呜呜呜,我找不到妈妈了。

别担心,我们帮你找妈妈。

是……

大叔,你认识这个孩子吗?

不,第一次见啊。看它的嘴巴很短,应该不是我们长吻鳄科的。

长吻鳄是什么?

长吻鳄是鳄鱼目的一种,嘴巴很长,末端有瘤状的突起。

鳄鱼不是都一样的吗?

根据牙齿构造和鳞板构造的不同,鳄鱼可分为三大类。

你知道吗?

不知道。

分为长吻鳄科、鳄科和美洲鳄科三类。

居然比身为鳄鱼的我还了解鳄鱼……

鳄科的嘴巴长而窄,闭上时是咬合的构造。

印度鳄、尼罗鳄等都属于鳄科。

了不起的爬行动物

好恐怖!

相反美洲鳄科的嘴巴短而宽,下颌牙向上颌牙内侧生长。

凯门鳄和美国鳄等都属于美洲鳄科。

因为好像戴着眼镜一样,所以也叫眼镜凯门鳄。

乍一看很相似,但看看嘴巴就会发现很大的不同。

原来除了我以外还有很多其他种类的朋友们啊!

在美国把所有的鳄鱼都叫作美洲鳄。

那这孩子究竟是哪一种的呢?

这个……它的下颌构造很特殊吧?

看来是新的物种,我也不大清楚。

哎……

去问问专家吗?带去研究室吧。

鳄鱼的祖先真的是恐龙吗？

快到中秋了，我该去祖先的坟墓上扫墓了。

祖先！我来了。

哎，你在别人的祖先坟墓这里干什么呢？这里可是我们鳄鱼的祖先——恐龙的坟墓！

说什么呢！恐龙是我们鸟类的祖先！

恐龙是我们的祖先！看长相看不出来吗？

都说了恐龙是我们鸟类的祖先！

真是的，吵死啦！

我们恐龙不是鳄鱼的祖先,而是鸟类的祖先。

看吧。

认为恐龙进化成了爬行动物,这是错误的知识。人们经常由于长相相似的原因以为鳄鱼或蜥蜴的祖先是恐龙,但爬行动物在恐龙的同一时代甚至更早以前已经存在了。根据遗传基因的分析结果,恐龙反而和鸡或鸟等飞禽类更像,所以恐龙被认为是鸟类的祖先。

了不起的爬行动物

为什么鳄鱼吃食物时会流眼泪？

啊呜　　啊呜

餐厅
烤肉之家

哇,是肉啊!
很好吃吧。

呜　呜

哦? 吃着好吃的东西哭什么呀?

应该是觉得猪很可怜吧。

可不是,绿鳄的心眼太善良了。

好好吃!

呲—

好吃就好吃吧,干吗边哭边吃啊?

我们鳄鱼吃食物时会流泪。

哪有这种事!

是真的。

鳄鱼的泪腺神经和唾液腺神经是彼此缠绕的,所以吃食物时泪腺也会受到刺激,从而流下眼泪。

那眼泪和唾液是一起分泌的吗?

所以吃饭时才哭成这样啊。

呜 呜

哇 哇

反正吃得很好。

真丢脸!

那位大叔是谁?

想当明星的话联系我!

想当明星吗?那联系我吧。

我不想当明星……

啊,居然还藏着这种人才!

我吗?

这部电影正在寻找嘴巴大的演员呢。

要不要拍电影呢?

说我吗?

好!现在要拍的是大嘴的你和女朋友分手的场景。必须哭得伤心点。

让我突然怎么哭啊。

居然弃我而去了……

我曾多么爱你……

好!调动情绪哭出来吧!

鳄鱼如何带小鳄鱼?

刷刷

哇,小鳄鱼出生了,祝贺你,鳄鱼。

你现在是妈妈了。

谢谢。

啊呜咣当

你居然残忍地要吃掉孩子!

我不是要吃掉。

我们鳄科的小鳄鱼从卵里孵化出来后,妈妈要用嘴巴衔着带到水边,

并照顾小鳄鱼一两个月。

长吻鳄如何猎取食物？

招呼不周，请多吃点。

是

哎，放在这扁平的碟子里让我怎么吃啊！

是汤啊！

狐狸是戏弄我呢，我也要把食物装进只有我能吃到的瓶子里，给它点颜色瞧瞧。

鹤之家

谢谢您邀请我们来吃饭。

我准备了好吃的鱼。多吃点吧。

虽然长吻鳄的嘴巴又细又长，但应该伸不进这瓶子吧？

请尽快吃吧。

是。

不过这怎么吃啊？

咔咔，我可以这样吃。

我们长吻鳄科的鳄鱼把嘴巴伸进水里左右击打来抓鱼吃。

啊！还有这种办法！可惜了我的瓶子！

啪 啪 呼

那我就不客气了。

我也得打碎瓶子再吃啊。

呜……完蛋了。

·处于灭种危机的长吻鳄·

属于**鳄鱼目**的长吻鳄拥有又细又长的嘴巴，雄鳄的嘴巴末端生有圆瘤。长吻鳄捕食时会将嘴巴放入水中，当鱼靠近时会用嘴巴左右击打获取食物。但最近由于环境污染和栖息地的破坏，印度长吻鳄的数量正急剧减少。

鳄鱼鸟会清理鳄鱼的牙齿吗?

我说吃的是嘴巴的腐肉!

不是的!吃的是背上的虫子!

你们为什么吵架呀?

鳄鱼鸟,你来得正好。我们打了个赌。

鳄鱼鸟是吃塞在鳄鱼牙齿中的腐肉为食的吧?

不是。

我们靠吃寄生在鳄鱼皮肤上的虫子为食。虽然我们也进出鳄鱼的嘴巴,但并不吃鳄鱼牙齿里的食物残渣。

鳄鱼的口腔构造使牙齿上不会有食物渣。

我说的对吧?

别这样……

那输了怎么样呢?

说错了的人要给鳄鱼刷牙……

快过来!

自己的牙都不好好刷,那么多鳄鱼要刷到什么时候……

鳄鱼闭上嘴巴的话会怎样呢?

别说了。

刷干净了!

好恐怖!

• 鳄鱼和鳄鱼鸟的真正秘密 •

鳄鱼鸟其实并不清理鳄鱼的牙齿。许多人看到鳄鱼鸟坐在鳄鱼的嘴巴里,就推测鳄鱼鸟靠吃鳄鱼口中的食物残渣为生,但其实鳄鱼的牙齿构造不会出现食物残渣,而且也没有相关记录。鳄鱼鸟只是进出鳄鱼的口中,靠捕食鳄鱼背上的寄生虫为食。

有在海中游泳的鳄鱼吗?

好可怕……我们现在回去吧。

说什么呢?!鳄鱼猎人怎么能那么胆小呢!

鳄鱼坚硬的皮可以卖很多钱的!

真是个残忍的家伙!

刚才好像有人骂我了……

是您听错了吧。

您听力一向不错啊!

而且小眼镜凯门鳄可是非常受欢迎的宠物！

养鳄鱼吗？

眼镜凯门鳄长大后很凶恶，但小时候是非常温顺的。

就是因为你这种人，鳄鱼才面临着灭种危机啊！

鳄鱼就是那么有价值的动物。

不过为什么看不到鳄鱼呢？

知道我们要来藏起来了吧。

好像又有人骂我了。

怎么可能呢。

那边有鳄鱼！快用食物引诱它并抓起来！

呼 啦

呃啊！什么鳄鱼这么大啊！都快有7米了。

那是咸水鳄，是现有爬行动物中体型最大的。性格也很凶狠。

这下糟糕了！

快逃吧，别被它吃掉了！

嗒 嗒 嗒

一直追过来怎么办啊？

去海里吧，鳄鱼不能到海里来的。

鳄鱼真的不能到海里来吗？

当然了。它又没有鱼鳃怎么能来。

那这海里的鳄鱼群是怎么回事啊！

刷啦

我也不知道！

咸水鳄生活在江水和海水交汇的江边。舌头上有特殊的腺体，可以单独吐出海水中的盐分。

挺可爱的，养成宠物吧？

我们错了。

·适合水中生活的鳄鱼身体·

鳄鱼的长相很适合在水中生活。两只眼睛突出在头部左右，可以偷偷靠近水正下方隐藏的猎物。另外，鳄鱼鼻孔和咽喉有特殊的肌肉，使水不会进入身体。在嘴巴叼住猎物或嘴巴张开时水也不会进入身体，由于这种构造，鳄鱼可以轻松地在水中猎食。

海龟与陆龟有什么不同？

只在山上呆着好无聊。有没有什么好玩的事儿呢？

无聊的话去我生活的地方玩吧？

你生活的地方在哪里？

海洋！那里有很多神奇的东西。

是吗？会很有趣吧。

那你等一会儿，我去打包行李。

盒饭也带上……

带上相机……要带的东西好多。

乌龟啊,抱歉晚了。现在走吧。

啊,怎么这么多乌龟!

慢慢 吞吞……

乌龟运动会

为什么要在这里开乌龟运动会啊!

这样就找不到刚才那只乌龟是谁了嘛!

好像是这只……

刚才说带我去海洋玩的乌龟是你吧?

不是我……你是不是把我认成其他乌龟了?

好奇怪啊,长得很像呢……

既然说要带你去海洋玩,那一定是海龟了,我是陆龟。

是吗?那该怎么找海龟呢?

了不起的爬行动物　**111**

只要看脚就很容易区分海龟和陆龟了。为了便于在海中游泳，海龟的四只腿长成鳍的形状。

为了在陆地上支撑身体，陆龟长有扁平的脚。脚生得很结实，还有脚趾呢。

啊，原来如此。

而且为了保护自己不受敌人的伤害、并便于储存水分，大部分陆龟的背甲都是半圆形的。

陆龟
↓

↑
海龟

但为了减少水的阻力、便于游泳，海龟拥有宽而平的龟甲。

现在知道了吧？那快去找它吧。

啊，还有那样的差别啊。

不过你让我找谁啊？

你不是说要找海龟吗？

我让你带兔子肝回来,你怎么自己回来了?

这个……我等了好久兔子也没出现……

患病的龙王

• 海龟、陆龟和淡水龟的区别 •

根据栖息地的不同,乌龟可分为海龟、陆龟和淡水龟三种。海龟在海里以水母为食,陆龟在陆地上吃植物的花或果实、仙人掌等。淡水龟在水和陆地之间生存,以昆虫、蜗牛和小鱼为食。淡水龟的龟甲相对较平,脚上有脚趾和脚蹼,长相介于海龟和陆龟之间。

海龟在海里下蛋吗?

我是美食家!尤其喜欢蛋做的料理。

鸡蛋、鹌鹑蛋、鸵鸟蛋……

所有的蛋我都尝过。

不过每天吃这些东西都吃腻了……

有没有特殊的蛋呢?

海龟正在下蛋。

是啊,就是它!

你们谁能把海龟的蛋带回来,我给他一个大奖。

真的吗?

海龟的蛋在哪儿呢?

为什么怎么找都看不见海龟的蛋呢?

海龟不在海里下蛋。

那在哪里下呢?

在海边的沙子里挖一个洞,然后在里面下蛋。

那我们得去陆地上了。

海龟干脆在海里下蛋好了,干吗费力跑到陆地上来呢?

因为它是爬行动物,所以要在陆地上下蛋。

了不起的爬行动物

一般一只陆龟会下10~30枚蛋,而海龟会下200~300枚。

有那么多啊?

哦?正巧小龟从蛋里爬出来了!

接下来是最难的阶段了。

最难的阶段?

为了躲开其他饥饿的动物和鸟儿们,它们必须爬去海里。

海龟能下很多蛋,但活下来的后代并不多。

不可能吧!

走开,坏海鸥!小乌龟啊,我帮助你们安全到海里去吧。

哦,是我喜欢的小乌龟啊。

哎呀呀，我的嘴巴！

这样海鸥就没法吃了吧？

坏叔叔！居然想要吃海龟蛋！

对……对不起。

·海龟守护后代的努力·

海龟会回到自己出生的海边产卵，最远的能游到 1000 千米之外的海边去。雌海龟用后腿在沙地上挖洞，产卵后再用沙子覆盖起来。由于人类的滥捕和海鸥等捕食者的缘故，海龟平安回到海中长到成年的概率只有千分之一。

了不起的爬行动物

甲鱼与乌龟有什么不同？

我是乌龟！　我是甲鱼！

嗡

队长,我们就快到地球了。

为了征服地球,去带些地球生物来。

带生物来,这有用吗？

少啰嗦！

要带什么生物你知道的吧？

唉唉唉

啊,是……

好!别愣着了,快去执行任务吧!

我为什么问那个问题？

钟表

别开玩笑了,到地球后把这种动物给我抓来!

玩笑是队长您在开吧……

到达地球了。

吱吱

长成这样的动物在哪儿呢?

这里有很多嘛!快点带回去吧。

队长,我抓回来了。

让我看看……

您怎么了?

这不是甲鱼,是乌龟!

和照片不一样吗?

你看,这和照片能一样吗?

一样啊……

乌龟的背甲是圆形的，

但甲鱼的背甲是扁平的。而且乌龟和甲鱼生活的地方也不同。

那我教你一种更简单的区分方法。

我还是不大明白。

乌龟的背甲坚硬而且有很多槽，甲鱼的背甲柔软且光滑。

乌龟

甲鱼

这么看来外表就很不一样啊。

既然知道了就去抓正确的吧。

是！

队长，我把甲鱼带回来了！

这次肯定没错了。

不过这么多动物，为什么一定要甲鱼呢？

这你不用知道……快去睡吧。

• 乌龟和甲鱼最大的不同点 •

乌龟和甲鱼的栖息地不同，乌龟可分为生活在海洋中的海龟、在水中和陆地交替生活的淡水龟和生活在陆地的陆龟三种，但甲鱼大部分生活在水中。另外，乌龟和甲鱼的外形不同，乌龟的背甲坚硬，但甲鱼的背甲柔软。

了不起的爬行动物

乌龟能活多久？

我想活很久，有没有那种名字呢？

活很久的名字……您姓金没错吧？

金加拉帕戈斯象龟,怎样？

什么?!这是什么名字啊!

加拉帕戈斯象龟可以轻松活180年左右，换成这个名字的话应该能活那么久。

真的吗？那我要换成这个名字!

想活更久的话,加上其他乌龟的名字一起用怎么样啊?

金加拉帕戈斯象龟阿尔达布拉象龟长寿龟赤蠵龟……

这样的话大概能活300年。

那是人名吗?

你好吗?我叫金加拉帕戈斯象龟阿尔达布拉象龟……

那么长的名字怎么往手机里存啊!

反正用用试试吧!

• 长寿的代表动物——乌龟 •

乌龟在动物中因活得最久而有名。其中居住在加拉帕戈斯群岛的加拉帕戈斯象龟平均能活到180~200岁。目前尚未准确探明乌龟长久存活的原因,但科学家们推测与它们慢吞吞的行动方式和吃得少的生活习性相关。

温度能决定小乌龟的雌雄吗？

生个儿子呢，还是女儿？

乌龟，你带着蛋去哪儿啊？

我想生个帅气的儿子，所以正在找温度低的地方。

把蛋放在温度低的地方，真的会孵出儿子吗？

嗯！

大部分的乌龟是根据孵化温度的不同决定性别的。

是吗？

温度高的话生雌性，低的话会生雄性。

那这里怎么样?
温度很低的……

那就把我的
蛋冻死了!

那这里呢?
我还是喜欢
女儿……

咕噜 咕噜

你打算把我
的蛋煮熟了
吃吗?

●根据温度的不同而定的乌龟性别●

大部分乌龟是根据孵化温度的不同而决定雌雄。在太阳照射的向阳处、炎热的夏天会生雌乌龟,而低温或阴凉的背阴面则会生出雄乌龟。

雄豹龟如何求爱?

哥,你在发什么愁呢?

嗯……我有喜欢的人,但不知道该如何表白我的爱。

要是那样的话去问恋爱博士豹龟吧。

那样不就行了!

豹龟之家

你问我们豹龟如何表白?

是!

首先要努力追求喜欢的雌性。

然后趁机突然撞倒它，爬到它背上伸长脖子叫喊，这就是我们的求爱了。

这可谓是屡试不爽！

真的……有效果吗？

不知道管不管用，试试看吧。

咕咕——

做得好！

还不赶紧给我下来？

·拥有特异求爱方式的乌龟·

乌龟中拥有特异求爱方式的有很多。其中豹龟和地鼠龟会撞击雌龟的背甲，使雌龟无法反抗。由于雄性红耳龟比雌性小，所以求爱时雄龟会用前脚趾像挠痒一样抖动雌龟的头侧。据说雌龟根据震动次数来判断对方是不是同一种的乌龟、是不是适合交配的雄龟。

玛塔龟如何在水中生存?

今天的"达人秀"我们请来了16年时间在水中一次也没呼吸过的

潜水达人——金丙万先生。

大家好!

干什么呢?

说那位叔叔是潜水达人呢。

您真的在水中不呼吸坚持了16年吗?

当然了。

你不呼吸在水中吃过饭吗?没吃过的话就没有发言权了。

哇啊,真了不起。

啊,到吃饭时间了,我去水中吃了饭再回来。

嗖

我们来掐时间,看他能坚持多久。

哦,真了不起,过了3分钟仍然没有出现。

真是很久没出来了啊。

KBC

我们也来比赛看谁在水中憋气憋更久吧?

好啊,会很有趣吧。

好的,谁的脸露出水面谁就输了。

我能不能一起比赛呢?

开始!

扑通

实在是忍不了了！

不过玛塔龟能憋好久啊。

可不是，又没有鱼鳃……

玛塔龟不是在憋气。

那怎么能在水中待那么久呢？

玛塔龟生活在浅江或池塘中，

它们会把潜水用的长鼻子伸出水面呼吸。

什么呀？

什么，那不就是偷偷在呼吸了吗？

看那边！果然是用鼻子在呼吸呢。

真卑鄙！哼，让你尝尝厉害。

这下没法呼吸了吧？

嘟

大部分的乌龟藏身时会把颈部向后缩入背甲内,但玛塔龟会把颈部往一侧弯曲。玛塔龟的颈部皮肤上有突起,这些突起在水中摇晃,就可以探知鱼类等食物的靠近并趁机捕食。此时玛塔龟让颈内处于真空状态,然后像吸尘器一样将水和食物一起吸入。

了不起的爬行动物

有像钓鱼一样捕食的乌龟吗?

啊, 肚子好饿!

哦, 是蚯蚓, 会很好吃吧。

咬紧

呃啊! 原来不是蚯蚓。

被我骗了吧! 这不是蚯蚓, 而是我嘴巴里生的突起!

我们鳄鱼龟会用舌面上生长的蚯蚓状突起做诱饵, 用来引诱猎物。

呜呜……

好好吃, 再去骗一个来。

啊, 是蚯蚓!

这次会抓到谁呢?

太好了,我正在找当鱼饵的蚯蚓呢。

啊!这不是蚯蚓啊!

视力可真够差的。

这个……看它的样子能钓到鳄鱼。

救命啊!

●会钓鱼的鳄鱼龟●

鳄鱼龟的颈部和腿部有突起,背甲像鳄鱼一样凹凸不平。鳄鱼龟藏在水中的泥土中或水草之间张开嘴巴摇晃舌头来引诱食物。鱼类会误以为鳄鱼龟舌面上的粉红突起是蚯蚓之类的食物然后咬住,此时鳄鱼龟就会迅速闭上嘴巴吃掉它们。

爬行动物的一生与身体构造

 蛇

蛇是无足目的爬行动物,大部分生活在温带、亚热带和热带地区等温暖的地方。我们来了解一下蛇的一生和身体构造吧。

● 蛇的一生

1. 交配
一年一次身体互相缠绕进行交配。

2. 卵
在潮湿的土地上产卵 10 枚左右。体形大的蛇会产数十枚卵。

3. 孵化
快的话一天,慢的话需要花 80 天左右的时间。

4. 蛇
身体细又长,没有腿部、耳洞和眼皮。体形小的蛇体长 10 厘米左右,大的体长能达 10 米。

● 蛇的身体构造

鼻孔
一对鼻孔只能呼吸,不能闻气味。

毒牙
根据蛇种类的不同,毒牙的形态也不一样。蝰蛇科的毒牙是中空而且能移动的。

眼
没有眼皮、由透明的鳞片覆盖,视力不佳。

颊窝
蝰蛇科拥有的一种器官,是眼睛与鼻孔之间的洞。能感知食物或敌人的体温(红外线)。

舌
分成两叉,其作用是将空气中的气味信息传达给锄鼻器。

胃
消化器官的长度很短,但消化能力强大。

⭐ 蜥蜴

除了非常冷的地区,几乎所有地方都生活着蜥蜴。除了最大的蜥蜴——科莫多巨蜥和一部分大型蜥蜴外,蜥蜴的体形并不大。主要捕食昆虫或蚯蚓等,生活在山上、草原、田地和热带地区的市中心。我们来了解一下蜥蜴的一生和身体构造吧。

● 蜥蜴的一生

1. 交配
到了交配时期,雄性为了占有雌性会进行斗争。

2. 卵
有一次只产一枚卵的,也有一次产一堆的。

3. 孵化
孵卵的蜥蜴会在旁边守护,一直等到卵孵化成功。

4. 蜥蜴
体长 2~35 厘米,虽然无脚的蜥蜴生活在地下,但大部分生活在树木上或地上。

● 蜥蜴的身体构造

眼
大部分视力好。其中变色龙的视力最佳。

背
有鳞片,干燥。

尾巴
挂在树上或跳跃时用来保持平衡。

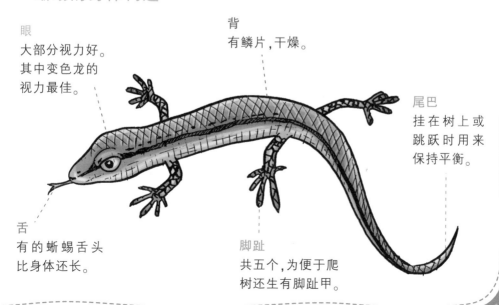

舌
有的蜥蜴舌头比身体还长。

脚趾
共五个,为便于爬树还生有脚趾甲。

爬行动物的攻击与防御

爬行动物既是捕食者(捕食其他动物的动物)又是猎物。大部分的爬行动物为了生存,都拥有独特的攻击和防御能力。我们来了解一下爬行动物多样的攻击能力和防御本能吧。

鳄鱼
抓住食物拖入水中使其动弹不得。其下颌的咬力是动物中最强的。

猪鼻蛇
起初遇到敌人时会发出声音并攻击,敌人不逃走的话就张开嘴巴喷出恶臭。然后张大嘴巴圆形蜷曲身体并躺下装死。

鳄鱼龟
将舌面上的微小突起当作诱饵。在水底张开嘴巴并摇动粉红色的突起,鱼类就会以为突起是食物而游进鳄鱼龟的嘴巴里。

响尾蛇
竖起尾巴末端的角质节并摇晃,以此发出警告的铃声。尾巴末端有很多节,彼此撞击时会发出声音。

别,别靠近我!

装死吧!

2

好奇妙的
两栖动物

什么是两栖动物？

两栖动物年幼时用鳃在水中呼吸,生活在水中;长大后用肺呼吸空气,生活在陆地上。

可以说是鱼类和爬行动物的中间阶段。

和蚯蚓相似的无足蚓螈目就是两栖动物。

啊,原来如此。

不过无足蚓螈目又是什么呢?

这也不知道?

你一定是生气了,我没有当助手的资格。

不是,我说了不是生气。

两栖动物根据其相似的长相,可分为三类。

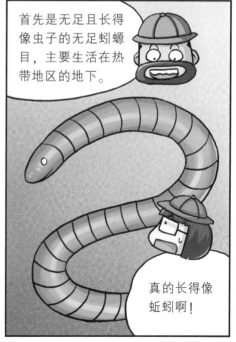

首先是无足且长得像虫子的无足蚓螈目,主要生活在热带地区的地下。

真的长得像蚯蚓啊!

好奇妙的两栖动物

然后是生有腿和尾巴的鲵类、蝾螈类和鳗螈类，合称有尾目。

鲵鱼

蝾螈

鳗螈

最后是虽然有腿但没有尾巴的青蛙类、蟾蜍类，合称无尾目。

青蛙

狭口蛙

蟾蜍

无尾目在两栖动物中是最繁盛的。

不过两栖动物在哪里生活呢？

又不知道？

两栖动物广泛分布在地球各处。

但因为是变温动物，所以不能在太冷的地方生存。

那就不能在南极和北极生存了吧。

当然，爬行动物和两栖动物在那里都不能生存。

● 在水中和陆地交替生活的两栖动物 ●

两栖动物是鱼类和爬行动物的中间阶段，因为能在陆地和水中两个地方生活，所以得名"两栖"。虽然长成的两栖动物用肺呼吸，但因为也要用湿润的皮肤进行呼吸，故身体干燥时无法生存。所以两栖动物一定生活在有水或潮湿的地方。

蝌蚪如何变成青蛙?

一个月不在家,这个要托付给谁呢?

蝌蚪啊,你能不能在池塘里帮我照看这条小鱼一个月?

好的!

一个月后

小鱼还好吗?

蝌蚪啊,现在还我托付给你的小鱼吧?

你什么时候托付我了?

你说什么?!我一个月前托付给你的!

没有啊……

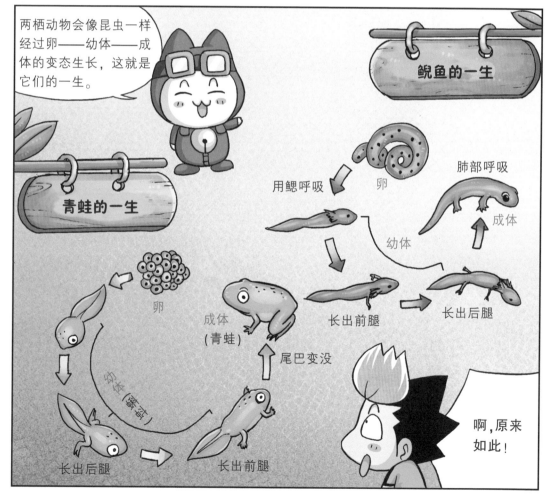

从卵变成青蛙大约要40天，一个月前的话那只蝌蚪应该成为青蛙了！

哼！

应该是的。

你见过这次刚变成青蛙的青蛙吗？

青蛙又不是一两只……

池塘里的青蛙太多了嘛！

太多了呀！

也不是我哟。

早知道这样，应该问问它的名字。

哦？你是之前向我托付小鱼的孩子吧？

你真的变成青蛙了！

我托付你的小鱼在哪儿呢？

应该好好的呢。

嗷嗷——

呃啊！怪物鱼啊！

因为你说让我养在池塘里，所以我在山上放了它。现在应该长得很大了。

这是什么呀？

为什么把鱼放在山上啊？！现在看来你是那只什么事情都倒着做的青蛙吧？

它长大了也会变成青蛙吧……

你能帮我在温暖的炉子旁保管这些冰块吗？

倒着说吧！

?

•从卵变成青蛙•

从卵中出生经过蝌蚪阶段长成小青蛙大约需要40天的时间。青蛙卵经过多次的细胞分裂(细胞分开的现象)变成蝌蚪,这个时间大约是7天。蝌蚪先用鳃呼吸,逐渐用肺呼吸,在肺部长大的同时鳃会消失。40天后尾巴也会消失,变成小青蛙的模样。

青蛙为什么在春季鸣叫？

咕呱！

淅淅　沥沥

下春雨了啊。

午饭吃太多了吗？好困啊。

睡会儿午觉吧。

扑通

咕呱……　咕呱……

咕呱……

咕呱 咕呱 咕呱 咕呱 咕呱 咕呱 咕呱 咕呱 咕呱 咕呱 咕呱 咕呱 咕呱 咕呱 咕呱

暴怒

吵得人睡不成觉啦！

为什么叫得让人睡不成觉！

咕呱 咕呱 咕呱 咕呱

你们为什么一到春天就叫个不停？

那是雄青蛙在叫。

我可是雌蛙！

你是不是也叫了但对我说谎呢？

看看！我们雌蛙没有鸣囊！

鸣囊？

雄蛙有像气球一样鼓气并发出声音的鸣囊。

树蛙和狭口蛙鼓起颌下鸣叫，青蛙鼓起两颊鸣叫。

不过为什么要哭呢？难道有什么伤心事吗？

雨停了呢！

刷啦

不是的，是因为我们青蛙主要在春天求偶。雄蛙是在呼喊我们雌蛙呢。

我先走了，帅气的雄蛙叫我了。

啊，原来是这样！

哭的话女朋友就会找上门来吗？那我也哭哭试试？

试一次吧！

呜呜

扑通

别哭了，我来了。

真的来了！

嗖

蟾蜍与青蛙
有什么不同?

队长让我抓只蟾蜍回去……

这是蟾蜍吗?

这次可不能再失误了。

为了应对这种局面,我有备而来。

长得倒挺像……

叮!写着蟾蜍特征的秘密笔记!

觉也没睡,饭也没吃才写了这么多。我的胳膊现在还疼呢……

呜 呜

写这些干什么呀,问我不就行了。

跟跑 这个!……

哼！我也是有自尊心的！你觉得我会问你吗？

只要有了它……

啊，太困了流口水流得看不清了。

那……蟾蜍的特征是什么？

刚才不是说不问吗？

蟾蜍和我一样，都属于无尾目。

无尾目？

无尾目不仅包括青蛙，还包括蟾蜍和狭口蛙。

啊！

青蛙生活在池塘或水坑中，蟾蜍主要生活在潮湿的陆地上。

蟾蜍产卵时，卵呈排成两排的长绳形状。

另外蟾蜍比青蛙体型大，青蛙的皮肤光滑，而蟾蜍的皮肤因全身的突起而高低不平。

一般青蛙的体色是草绿色或淡绿色，但蟾蜍大部分是褐色的。

再加上蟾蜍的腿比一般青蛙短，所以迈步缓慢、也不善于跳跃。

那应该很容易抓到了？

谢谢你，现在我要去找蟾蜍了。

我还没说完呢……

队长，我抓来了蟾蜍。

是吗？

不过您不是又为了养宠物才让我去抓的吧？

不是的，因为我有话要对蟾蜍说。

哦，你真的把蟾蜍抓来了。

这次没错吧？

蟾蜍 VS 青蛙

虽然青蛙有鸣囊,但蟾蜍没有鸣囊,而是靠颈部发出声音来呼叫雌性。另外,青蛙的皮肤光滑,但蟾蜍的皮肤上有高低不平的突起,而且有毒。蟾蜍的毒是头部后方的耳下腺分泌的,可以引起其他动物眼睛或皮肤的炎症。

火腹蟾蜍遇到威胁时会怎样？

我是青蛙王子，被魔法变成了青蛙。

只有接受了公主的吻才能变回人类……

谁会给长得这么丑的我一个吻呢？

我是瓢虫。

这样下去永远变不回人类可怎么办？

那个……我给你一个吻吧。

沙沙

真的吗？

• 有毒的火腹蟾蜍 •

火腹蟾蜍的背上有大大小小的很多突起，通过这些突起上的小孔可以喷出毒液。火腹蟾蜍的毒是白色的黏稠液体。虽然火腹蟾蜍的毒不是致命的，但人类用手摸的话就有刺痒或酸痛的感觉，并会引发炎症。

树蛙身体的颜色会改变吗?

别说谎了！你偷偷画来着。

我是在画树蛙。

不相信就请看！

那算什么树蛙啊？

树蛙不都是青绿色的吗？

你不懂了吧。

我画的是穿了保护色的树蛙。

保护色？

树蛙为了保护自己，会改变身体的颜色。

根据周围环境的不同改变体色，从而不容易被发现。

很像树叶啊！

啊，像变色龙一样吗？

是那样。所以穿了保护色的树蛙很容易就能捕食到走近自己的食物了。

而且树蛙脚趾末端有吸盘,便于附着在树木上。所以它的英语名字才叫树蛙(tree frog)。

啊,原来如此!是我误解了,对不起。

你觉得对不起的话……

能当我画画的模特吗?

我吗?

真不好意思,我能做好吗?

当然了。

你是我能找到的最佳模特了。

哎哟,不管啦。

• 树蛙的特点——保护色 •

生活在草丛或树上的树蛙能轻易地改变体色。在树上呈褐色、岩石上呈灰色、草丛中呈绿色，能根据周围的环境神不知鬼不觉地穿上保护色。只要在一处停留15分钟左右，体色就会变得与周围颜色相近。

好奇妙的两栖动物

有在肚子里养宝宝的青蛙吗？

嘀嘀　咕咕

有什么事吗？

您没听说吗？

听说最近青蛙村里有偷青蛙卵的小偷。

什么？

那得把这件事告诉其他的青蛙。

没错！

我去告诉其他青蛙，让它们小心点。

咔咔！

其实我就是偷卵贼……青蛙卵真好吃啊。

我看看其他青蛙把卵放在哪儿，然后就去偷。

青蛙村

产婆蟾叔叔，小心偷卵贼。

我不用担心。

我把卵黏在后腿上行走。

啊！

那样就没法偷了嘛。

袋蛙大婶，小心偷卵贼。

我也没关系。

我们雌蛙产卵后，雄蛙就会把卵放进我们背上的小口袋里，所以后背才鼓鼓的。

啊！

这样子可不行……

哦,那只青蛙后腿上没有卵,背上也没有口袋。

大婶也要小心偷卵贼。

我也没关系。

没关系?

你又没像产婆蟾或袋蛙一样带着卵行走!

我也随身带着卵呢!

在我腹中的胃里。

你吃了自己的卵吗?

不是吃了,我们把卵放入口中咽下后,卵在胃里生长,一直长成小青蛙。

不可能!胃会分泌强酸,卵怎么能活呢?

包裹着卵的膜上有特殊物质,可以阻止胃酸的形成。

大事不妙了,那到现在为止我偷吃的青蛙卵会在我肚子里长大吗?

偷吃的?那你就是偷卵贼了?

吓唬吓唬它!

啊!肚子里好像传出青蛙的叫声了。

咕呱 咕呱 咕呱

•从嘴巴产出幼崽的青蛙•

胃育蛙如其名,卵是在胃里孵化的,经过蝌蚪阶段长成小青蛙后,通过嘴巴的呕吐把小青蛙生出来。一般来讲,一只雌蛙能生 26 只幼崽,并非一次性吐出,而是经过近一周的时间逐渐吐出。1973 年在澳大利亚发现的这种青蛙,据说发现仅 10 余年后就灭绝了。

有不经过蝌蚪时期的青蛙吗？

想想你的蝌蚪时期！

我没有那种时期……

7×1=7
7×2=14
7×3=23…

噗哈哈！7×3 是 23！

哎呀，笑死了！

咣咣

你开始就背得很好吗？

不是有这句谚语吗？青蛙忘了自己是蝌蚪的时候……

不管是谁，都有还不成熟的蝌蚪时期。

无知之谈！有的青蛙不经过蝌蚪时期。

什么？青蛙大部分都经过叫蝌蚪的幼体时期……

据说所罗门岛角蛙没有那种幼体时期，从卵直接长成青蛙。

什么？

这么说来我的朋友中也有那样的人……

它才一岁就这样了。

那只小狗一出生就这副样子嘛。

我的朋友沙皮没经过小时候,直接变成老人了。

咳 咳

我也没经过学生时期,直接变成老人了。

你是不想上学才这样的吧?

做不了作业了!

•从卵直接变成青蛙•

大部分青蛙从卵中孵化后都会经过长尾巴的蝌蚪幼体时期。但有的青蛙不经过幼体时期,能从卵直接孵化成成体。生活在南太平洋巴布亚新几内亚和所罗门群岛的所罗门岛角蛙是特殊的青蛙品种,能从卵孵化成完整形态的青蛙幼崽。

有生活在沙漠中的青蛙吗？

而且来的路上碰到只青蛙。

它真是出毛病了。

你看错了吧。沙漠里哪有青蛙呢?

不是的,我真看见了……

青蛙不只用肺呼吸,还要用皮肤呼吸。

所以皮肤要一直保持湿润,在这种沙漠里怎么能活?

是你看错了!

不是的,沙漠里也有青蛙!

在沙漠生活的话,这么干燥怎么补充水分呢?

生活在沙漠里的青蛙和其他青蛙有点不一样。

沙漠里有很多拥有干燥而坚硬皮肤的青蛙。

而且为了最大限度地节约水分，它们只在地下睡觉，下雨时才醒过来。

呼……

别睡了！

据说某些青蛙还能将膀胱中积攒的水分重新吸收。

那是说不小便了吗？

另外一些青蛙皮肤能分泌蜡状成分，覆盖在全身阻止体内的水分流失。

那沙漠里真的生活着青蛙吗？

我说的没错！

不过这样下去我们会脱水而亡吧。

可不是，干死了……

过了一会儿

·生活在沙漠里的非洲牛蛙·

非洲牛蛙在漫长而干燥的沙漠干季开始时，会在地下30厘米的深度挖一个比自己身体大两倍的洞并钻入。而且为了最大限度地储存水分，它们用鼻子吸入潮湿的空气，将身体鼓成球状后关闭鼻孔，阻止水分的流失。非洲牛蛙以这种状态进行夏眠，以节约能量。

什么青蛙以浑身冻僵的状态冬眠？

现在真的是冬天了。

可不是，天气变冷了许多。

嗯？那是什么？

青蛙浑身都冻僵了。

看来是想去冬眠的路上冻死了吧。

鬼啊,离我远点!

我不是死了,只是冬眠而已。

明明心脏都停止跳动了……

也许这就叫作奇迹吧。

生活在加拿大的我们林蛙不是浑身都冻僵了,而是体内水分的65%冰冻起来。

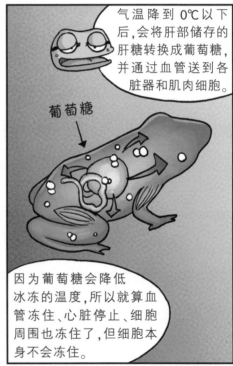

气温降到0℃以下后,会将肝部储存的肝糖转换成葡萄糖,并通过血管送到各脏器和肌肉细胞。

葡萄糖

因为葡萄糖会降低冰冻的温度,所以就算血管冻住、心脏停止、细胞周围也冻住了,但细胞本身不会冻住。

不像话,那身体冰冻之后怎么活着呢?

我们是有点特殊吧。

所以才能重新复活吗?

当然了。

那真是太好了。正好我们医院的十周年纪念典礼需要一个冰冻铜像……

那也不用这样吧……

十周年纪念

一会儿食堂的开业典礼上需要冰冻铜像。

行了你!

·睡长觉的青蛙·

因为青蛙是变温动物,所以太冷或太热时都会睡长觉。在温带地区会进行冬眠,在热带地区会进行夏眠,主要睡在地下或水流平静的水下石头缝里。也可以选择冻成冰的池塘,因为塘底的温度是 0~4℃。

世界上哪种青蛙的毒最危险?

啊呜!

咯咯咯

嘎嘎!

吱吱——

热带雨林,怎么出去呀?

可不是。总也走不出去怎么办呢?

那种事不用担心。

冒出

吓死我了!

我还以为是猛兽呢!

抱歉。很久没见到人了,很高兴看到你们。

和我一起走就不用担心了。我是连狮子都不怕的驯兽师。

居然把手放入狮子的嘴里！

有蛀牙啊！

这个世界上没有我不敢摸的动物！相信我就行。

哇啊,真了不起。不过您在这里干什么呢?

那个……我迷路了,好恐怖。呜呜……我们一起走吧。

还让我们相信他……

不过你们有什么吃的吗?好几天没吃东西了,肚子好饿……

没有呢……

咕噜噜

有什么吃的吗?

好奇妙的两栖动物

啊，是草莓！很好吃吧。

不能摸！那不是草莓，而是长得像草莓的草莓箭毒蛙。

摸了会怎样？我连毒蛇都敢摸。

你会后悔的……

毒蛙受到威胁时，皮肤会在 2~3 秒内分泌出剧毒。接触到毒液可能会死哟。

真的？

所以听说有的部落还把毒蛙的毒液涂在箭头上使用呢。

尤其是黄金箭毒蛙的毒最致命，1 克毒液能毒死 10 万名成年人。有毒的青蛙用鲜艳的颜色和花纹警告天敌它们有毒。

原来如此！差点就遭殃了。

可不是。

有无舌的青蛙吗?

嗡嗡——

啪嗒

啊!

是食物!

因为青蛙我们苍蝇都没法活了。

没错,速度太快,躲都躲不开。

你听说了吗?那只青蛙没有舌头。

真的?

喂,你没舌头连我们苍蝇都捉不到吧?

咔咔!

嗡——

啪嗒

我们负子蟾虽然没有舌头，但前腿能起到和舌头相同的作用。

救命啊，我错了。

对不起了，朋友。

后背好痒，你帮我挠挠背吧？

你的胳膊不是很长吗？

·在雌蛙背上孵化卵的负子蟾·

没有舌头是负子蟾的一大特征，它们还会在自己背洞中孵化卵直到发育成小青蛙为止。雌蛙产卵后，雄蛙会放出精子使之受精后压入雌蛙的背部。卵周围的皮肤会立即生长把卵包围起来，约80天过后不经过蝌蚪时期，两厘米大小的小青蛙就出生了。

有给人类带来危害的青蛙吗？

只要是进口货我都喜欢，漂洋过海来的就是好！

电饭锅也是进口货好呀。

这电饭锅怎么没反应？

啊,所以说国产电器真是没法用啊。

你实在是过分了。

跟跑

无稽之谈,东西还是国产的好。

什么呀,忽然闯入别人家中……

不用你管,反正我觉得进口货就是好。

还有从国外进口后给我们国家造成危害的呢。

踩脚

比我国的东西更好,不应该带来好影响吗?

有些东西我们进口数量也不少。

看吧,进口货就是比国产的更优秀吧。

不过你说的是什么? 我得去买来。

是牛蛙。

青蛙?

为什么要进口青蛙?

起初是为了食用而进口的。

吃青蛙?

别的国家也很喜欢吃牛蛙呢。

我可不想吃!

但牛蛙进入韩国并大量繁殖后，由于它没有天敌，所以给农作物带来了很大的损失。

没有天敌？

大哥

因为牛蛙太大了，黄鼠狼都不容易捕食它们。

而且牛蛙的食性太好了，还会捕食蛇呢。

青蛙吃蛇？

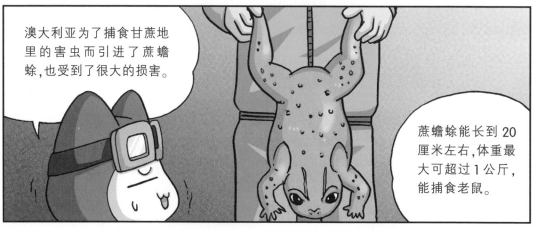

澳大利亚为了捕食甘蔗地里的害虫而引进了蔗蟾蜍，也受到了很大的损害。

蔗蟾蜍能长到20厘米左右，体重最大可超过1公斤，能捕食老鼠。

真是些坏青蛙。有没有办法抓到这些青蛙呢？

啊！有办法了！

什么？

我打扮成漂亮的雌性牛蛙,把它们引诱过来。

咕呱 咕呱

牛蛙不是长得像牛,而是因为其叫声才得名的。

为什么牛蛙不来呢?

一只疯牛,得躲开点。

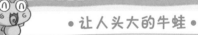

• 让人头大的牛蛙 •

牛蛙体长约 12~20 厘米,体重约 200~400 克,体形大、力量大,而且繁殖力惊人。牛蛙不仅捕食老鼠,还吃鱼类,甚至蝙蝠、蛇和小水鸟也是它的口中食。由于牛蛙基本没有天敌,所以正在破坏生态系统。牛蛙的颈部有一个很大的鸣囊,其叫声比一般青蛙大。

有能发出笑声的青蛙吗？

有什么好事吗？

味味 味味

这个问题考试一定会出，大家要记住。

那么说这里田芳和李明……

味味

坦坦，你上着课笑什么呀？

不是我，是青蛙在笑。

青蛙怎么会笑？

据说笑蛙的鸣叫声类似于人类的笑声。

其实是我在笑……

• 青蛙的多种鸣叫声 •

笑蛙的鸣叫声和人类的笑声相似,故得名笑蛙。笑蛙生活在池塘或溪边,不同种的青蛙叫声稍有不同。生活在加勒比海附近的北美鸣蛙体形非常小,甚至可以放入火柴盒中,能发出口哨般的声音。另外,欧洲树蛙像鸭子一样嘎嘎地叫。

世界上最大的鲵鱼是什么？

别说谎了！韩国的更大！

不是的，我们日本的更大。

你们吵什么呀？

他总是说谎嘛。

他说本国的鲵鱼这么大，像话吗？

怎么，那口缸也是你们的？

真的那么大！

没错，日本生活着日本大鲵。

什么？

日本大鲵约 50~150 厘米，是世界上最大的。

真，真的？

•体形巨大的日本大鲵•

一般鲵鱼的体长为 10~15 厘米，日本大鲵能达到 50~150 厘米，是世界上最大的鲵鱼。日本大鲵头部扁平，一对小眼位于头部上方，体形大而行动缓慢；主要生活在水流急促的溪谷中，皮肤上有很深的褶皱，便于用皮肤呼吸；视力较差，所以依靠气味和嗅觉捕食。

好奇妙的两栖动物

韩国也有无肺的蝾螈吗？

我是只收集珍贵东西的收藏家！

哇,珍贵的东西真的很多呢。

当然,这是我收集了好几年的成果。

这是什么?

不要!别摸!

这个东西虽然在国外很常见,但在韩国却是独一无二的。

哎咦,摸一下难道会坏吗……

我知道一个这样的东西。

真的?

是真的,不相信的话就和我一起去看看吧。

还很远吗?

就快到了。

要不是珍贵的东西,有你好看的。

我说的就是它。

什么呀!只是蝾螈嘛!

我可不是一般的蝾螈，我是苔螈。

那有什么珍贵的！

虽然其他蝾螈用肺呼吸，但我没有肺，是用皮肤呼吸的。

说什么呢！

没有肺而用皮肤呼吸的蝾螈不是美洲螈嘛！

你是美洲螈吧？一点都不神奇。

叔叔这你就不懂了吧。

?

众所周知,美洲螈只生活在北美大陆和一部分欧洲地区。

然后呢？

只生活在那些地方的蝾螈在韩国也被发现了，这绝对是惊人而少见的事情！

是,是吗？

那位叔叔是世界上唯一一位对蝾螈道歉的人。

哇,真是一位真诚的叔叔。

别说了!

• 无肺的苔螈 •

苔螈是与"无肺的美洲螈"相似的蝾螈,因为生活在山中苔藓多生的岩石下,故得名。苔螈约10只左右群居生活,有着比一般蝾螈长的舌头。2003年4月,苔螈在韩国大田的长泰山首次被发现,人们认为它们是一部分美洲螈进入亚洲并定居进化而成的。

有会笑的蝾螈吗？

送给女朋友什么动物她会喜欢呢？

宠物商店

送她长得像蝌蚪的墨西哥蝾螈怎么样？

哇，好可爱！

笑眯眯的墨西哥蝾螈再生能力强大，就算四肢断离也能重新……

就买这个了。

呼嗒嗒

本想给他详细说明一下的……不过为什么把其他鱼缸拿走了？

我准备了一只像你这么可爱的宠物。

真的？

·只用鳃呼吸的墨西哥蝾螈·

墨西哥蝾螈长得像巨大的蝌蚪，在成年期仍然保持幼体的形状。大部分的蝾螈在幼体时期用鳃呼吸，成年后来到地面上，鳃逐渐消失而改用肺呼吸。但墨西哥蝾螈成年后也生活在水中，用颈部周围的红色羽状鳃进行呼吸。这种现象叫作幼体性熟。

好奇妙的两栖动物

两栖动物的一生与身体构造

最有代表性的两栖动物是青蛙。青蛙是专业的跳远运动员，一次跳跃可以跳到自己体长的10倍远。我们来了解一下青蛙的一生和身体构造吧。

● 青蛙的一生

1. 求偶
到了求偶季节，雄蛙会发出鸣叫声呼唤雌蛙。

2. 卵
在积水中产1000枚以上的卵。

3. 孵化
过一周左右，卵内的黑点长成蝌蚪。

4. 蝌蚪
蝌蚪利用尾巴游泳移动。

5. 后腿长出后
再过3天左右长出前腿。

6. 鳃消失，
长出肺。

7. 尾巴消失，
具备完全的四条腿模样。

8. 青蛙
孵化后过40天左右具备青蛙形态。

● 青蛙的身体构造

舌
用柔韧而细长的舌头捕食。

眼
眼睛正后方有大而圆的鼓膜。

鸣囊
鼓起鸣囊发出声音。

后脚
有5个脚趾，有脚蹼。

前脚
脚趾为4个。

两栖动物的攻击与防御

两栖动物的敌人比较多,所以会被很多捕食者捕食。虽然有些两栖动物皮肤能分泌毒液,但并不像蛇一样将毒液作为攻击手段。两栖动物喷射毒液是临死前的最后防御手段。

抓住了!

青蛙
迅速伸出长舌头捕食。因为舌头很黏,所以黏上食物后不容易掉落。伸出舌头勾到食物放回嘴中花不上一秒钟的时间。

树蛙
生活在草丛或树上的树蛙能轻易改变身体的颜色。在树上时与褐色相近、岩石上变成灰色、草丛里呈绿色,如此根据周围环境来选择保护色。

看吧!

苔螈
捕食的样子与青蛙非常相似。用舌头分泌黏液使食物不能动弹后进行捕食。

蟾蜍
身上的突起能分泌黏稠的白色毒物,气味很臭,味道苦涩,所以蛇或鸟类不能轻易捕食它们。

不吃你!

火腹蟾蜍
一般火腹蟾蜍由于自己的皮肤颜色和花纹而不容易被敌人发现。但被捕食者发现时,火腹蟾蜍会迅速翻转身体,露出前腿、后腿和腹部的红色部分以恐吓敌人。

别吃我,我有毒!看我的肚子。

爬行动物与两栖动物的特征

变温动物指的是根据周围的温度体温有所改变的动物。蛇、蜥蜴、乌龟等爬行动物和青蛙、蟾蜍、鲵鱼等两栖动物是典型的变温动物。此外属于变温动物的动物还有蚯蚓、水蛭、蚊子等无脊椎动物和鲨鱼、金鱼等鱼类。

如何维持体温呢？

爬行动物和两栖动物最好在热带气候下生活，要适应急剧变化的温度需要一些时间。爬行动物为了调节体温会晒太阳，等身体变暖和后再外出寻找食物。

寒冷的冬季去哪里呢？

爬行动物消化食物时需要温暖的温度。尤其是蛇，吃掉食物后如果体温不上升，胃内的食物不会被消化，蛇还可能会死。天气变冷时，爬行动物或两栖动物都会在地下冬眠。

是相同,还是不同?

1. 陆龟与海龟

陆地与海洋的环境有很大的差别。所以虽然都叫作乌龟,但不同的生活环境使它们的外表也有了很大的不同。

陆龟

与生活在淡水或海洋中的乌龟相比,陆龟的背甲更加隆起。多亏了圆而坚硬的背甲,能保护陆龟的身体不受海鸥或陆地上其他哺乳动物的伤害。乌龟的背甲每年都会变厚,因为覆盖在背甲上的薄板每年都在生长。

海龟

拥有平坦而稍长的背甲。前腿长得像摇船的橹,能分开湍急的水流、便于快速游泳。海龟的肌肉不管游多久都不会感到疲劳。

2. 蜥蜴与鲵鱼

虽然蜥蜴与鲵鱼的长相很相似,但蜥蜴是爬行动物,鲵鱼是两栖动物。栖息地和食物也不一样。

蜥蜴

浑身覆盖着鳞片,在地上产卵。捕食昆虫或虫子,生活在树林、田地或沙漠中。

鲵鱼

因为用皮肤和肺呼吸,所以没有鳞片,皮肤总是湿润的。繁殖时会接近水,并直接在水中产卵。

爬行动物与两栖动物的照片

⭐ 爬行动物

鬣蜥
作为大型蜥蜴，尾巴占整体长度的三分之二。

杰克逊变色龙
头部有长长的三只角。

鳄鱼蜥
吸入空气鼓起身体或用眼睛喷射血水来威胁敌人。

海鬣蜥
啃食生在岩石上的海藻。

东部菱斑响尾蛇
最重的响尾蛇，长度约达240厘米。

加州王蛇
本身无毒，但会捕食带有剧毒的蛇。

美洲鳄
嘴巴宽，呈扁平的形状。

海龟
在海边的沙子里产卵后直接回到海中。

红腿陆龟
腿部鳞片上有红色的点状纹。

★ 两栖动物

红眼树蛙
用红色的眼睛威胁敌人。

树蛙
根据周围环境改变身体的颜色。

番茄蛙
皮肤能分泌毒液,敌人出现时鼓起身体。

青蛙
属于最常见的蛙类。

火腹蟾蜍
通过背部突起上的小孔喷出毒液。

蟾蜍
背部有坑坑洼洼的突起,有毒。

虎皮蝾螈
雌性将7000多枚卵产在水中。

墨西哥蝾螈
再生能力强,腿断了还能重新长出。